CONFÉRENCES POPULAIRES
FAITES A L'ASILE IMPÉRIAL DE VINCENNES
SOUS LE PATRONAGE
DE S. M. L'IMPÉRATRICE

ÉCONOMIE DOMESTIQUE

DE

L'ÉCLAIRAGE

PAR

E. PAUL BÉRARD
Professeur de chimie à l'école Turgot.

PARIS
LIBRAIRIE DE L. HACHETTE ET Cie
BOULEVARD SAINT-GERMAIN, N° 77

Prix : 25 centimes

ÉCONOMIE DOMESTIQUE

DE

L'ÉCLAIRAGE

IMPRIMERIE L. TOINON ET Cᵉ, A SAINT-GERMAIN.

CONFÉRENCES POPULAIRES
FAITES A L'ASILE IMPÉRIAL DE VINCENNES
SOUS LE PATRONAGE
DE S. M. L'IMPÉRATRICE

ÉCONOMIE DOMESTIQUE

DE

L'ÉCLAIRAGE

PAR

E. PAUL BÉRARD
Professeur de chimie à l'école Turgot.

PARIS
LIBRAIRIE DE L. HACHETTE ET Cie
BOULEVARD SAINT-GERMAIN, N° 77

1867

ECONOMIE DOMESTIQUE

DE

L'ÉCLAIRAGE

MESSIEURS,

Je crois inutile de faire ressortir l'importance du sujet de cette conférence. L'éclairage est, en effet, une question qui intéresse à la fois la science, l'économie domestique et la philanthropie. L'explication des phénomènes qui se passent dans une lampe qui brûle a, de tout temps, vivement préoccupé les savants ; il a fallu tout le génie de Lavoisier pour la découvrir. Ses recherches mémorables, qui ont créé une science nouvelle, la chimie, ouvrirent à l'industrie une voie nouvelle. Elle s'y jeta avec ardeur et, cinquante ans après, elle avait résolu le problème de l'éclairage économique. Dans ce siècle de travail et d'efforts individuels, le soleil ne suffit plus à éclairer le labeur de l'homme. Que de gens travaillent à la lumière ! et quel service ne leur rendra-t-on pas en leur donnant un éclairage peu dispendieux, qui ménage en même temps les yeux, ces merveilleux et délicats auxiliaires de la main dans l'exécution de la pensée humaine !

Ces réflexions définissent mon sujet, et vous démontrent aussi, Messieurs, qu'avant de vous indiquer les progrès qui ont été faits dans l'art de l'éclairage et les bienfaits qui en résultent, il est nécessaire de faire une petite excursion dans le domaine de la science et de vous expliquer quelques faits dont la connaissance est indispensable pour comprendre les perfectionnements réalisés jusqu'à ce jour.

I

D'abord je ne vous apprendrai rien en

vous disant que c'est toujours en faisant brûler une matière quelconque que l'on s'éclaire. Cependant ce fait si simple a besoin d'explication et vous m'arrêterez au premier mot. Qu'est-ce qui se passe quand un corps brûle? Qu'est-ce que la *combustion?*

Une expérience bien simple vous donnera sur ce point plus d'éclaircissements que tous les raisonnements du monde. Voici une bougie allumée : je la place sur ce plat rempli d'eau et je la couvre d'une cloche. Cette bougie va donc être forcée de brûler dans un espace d'air limité, puisque la cloche et l'eau la séparent de l'air environnant. Vous voyez que dans les premiers instants la bougie brûle comme à l'air libre, mais bientôt la flamme diminue et enfin elle s'éteint.

Première conséquence bien importante que nous tirons de ce fait : l'air est nécessaire à la combustion.

Examinez maintenant de plus près ce qui

s'est passé : L'eau s'est élevée dans l'intérieur de la cloche; l'air a donc diminué sans disparaître entièrement : la bougie a donc épuisé tout ce qui, dans l'air, peut servir à la combustion et ce qui reste dans la cloche ne saurait l'entretenir. L'air est donc formé de deux substances dont l'aspect est identique, mais dont les propriétés sont bien différentes. L'une des deux, que nous nommons *gaz oxygène*, entretient la combustion : l'autre ne l'entretient pas; les chimistes lui donnent le nom de *gaz azote;* ils possèdent, en outre, le secret de séparer ces deux gaz dont le mélange constitue l'air. Voici un flacon plein d'oxygène : j'y plonge une bougie et vous voyez qu'elle brûle avec une grande intensité. Au contraire la bougie s'éteint dans cet autre flacon plein d'azote.

Passons maintenant à l'étude de la matière combustible et comparons entre elles celles de ces matières qui vous sont le mieux connues : l'huile, le suif, le gaz de l'éclairage.

Vous savez tous que l'huile est difficilement combustible par elle-même : si je veux enflammer celle qui est contenue dans cette soucoupe, je n'y parviendrai pas : j'aurais le même insuccès avec du suif. Au contraire, voici du gaz de l'éclairage qui s'échappe de ce bec, je n'ai qu'à approcher une bougie et il prend feu. Je n'arriverai à rendre l'huile ou le suif aussi inflammables que le gaz qu'en me servant d'une mèche comme intermédiaire. Je dois donc vous donner quelques renseignements préalables sur ce point important du mécanisme de l'éclairage.

Une mèche est un tissu de fils de coton qui possède la propriété de s'imbiber d'un liquide de telle sorte que lorsque son extrémité inférieure plonge dans l'huile, par exemple, cette huile va s'élever dans les interstices des fils jusqu'à une certaine hauteur. Allumons cette mèche et examinons ce qui va se passer.

Dès que les fils de coton seront enflammés, l'huile se trouvera en contact avec les points de la mèche qui brûlent et elle s'échauffera considérablement. Or, toutes les fois que l'on chauffe fortement de l'huile, du suif, ces corps se changent en un gaz combustible tout à fait analogue au gaz de l'éclairage. Ces faits, du reste, vous sont connus, et il est inutile d'insister sur un phénomène qui se produit bien souvent dans l'intérieur des ménages. Tout le monde sait que de l'huile chauffée dans une poêle prend feu au contact de la flamme du foyer. Le gaz de l'éclairage lui-même ne s'obtient-il pas en calcinant au rouge dans une cornue de fonte le charbon de terre? Eh bien! ce qui se passe dans ces grandes usines où l'on produit le gaz, se répète en petit dans cette mèche; par un merveilleux mécanisme, elle produit un double effet: celui d'une pompe qui aspire le liquide du réservoir et celui d'une espèce d'alambic dans lequel l'huile portée à une chaleur considérable donne naissance à un gaz combustible. Et voulez-vous que je vous donne la preuve que c'est bien un gaz et non pas l'huile elle-même qui brûle au-dessus de cette mèche? Je n'ai qu'à souffler cette lampe : la mèche restera encore chaude quelques instants, par conséquent la décomposition de l'huile et sa transformation en un jet invisible de gaz ne cesseront pas; et il suffira de tenir une allumette enflammée à une certaine distance pour que le fluide combustible prenne feu. L'étude de la mèche nous a donc conduits à la démonstration du fait suivant : quelle que soit la matière que nous employons pour nous éclairer, c'est toujours un gaz qui, en brûlant, produit la lumière.

Mais poussons plus loin nos investigations et demandons-nous quelle espèce de gaz il faut employer pour produire une belle lumière.

Messieurs, un gaz combustible pour être éclairant doit contenir du charbon, et pour vous le prouver permettez-moi d'avoir recours à un moyen détourné.

Voici un appareil dans lequel je fabrique un gaz susceptible de brûler ; il porte le nom d'*hydrogène*. Je l'enflamme, et vous voyez que la lumière produite par sa combustion est à peine visible. Ne croyez pas que cela tienne à ce que sa flamme n'est pas suffisamment chaude; bien au contraire elle peut fondre presque tous les métaux. Mais je puis la rendre éclairante : pour cela, j'y introduis un petit réseau formé de fils d'un métal très-peu fusible ; vous le voyez devenir incandescent et communiquer à la flamme de l'hydrogène la propriété d'éclairer.

Cette expérience démontre : premièrement que toutes les flammes ne sont pas lumineuses, et en second lieu qu'il faut, pour les rendre telles, qu'elles contiennent un corps solide susceptible de devenir incandescent sous l'influence de leur température élevée.

Cherchons maintenant quel peut être le corps solide qui communique au gaz de la houille, de l'huile, du suif le pouvoir éclairant. Dans ce but, je plonge une lame de couteau dans la flamme de ce bec. Elle se recouvre d'une couche noire de charbon. Le même fait se reproduirait avec la flamme d'une chandelle ou d'une bougie et il n'est pas d'enfant qui n'ait joué avec cette expérience. Donc, tous les gaz qui servent à nous éclairer contiennent du charbon et c'est lui qui rend leur flamme lumineuse. Il joue le rôle de ce fil de platine qui, en rougissant dans l'intérieur de l'hydrogène enflammé, lui donnait sa propriété d'éclairer. Ces particules, ces poussières de charbon répandues au sein du gaz en décomposition, étant portées à une chaleur rouge, renvoient la lumière dans tous les sens.

Au point où nous en sommes nous pouvons tirer de ces faits quelques conséquences pratiques.

D'abord nous avons prouvé que l'air est nécessaire à la combustion. Il faut donc alimenter d'air un appareil dans lequel nous produisons de la lumière. Si, dans cette lampe je ferme les ouvertures par lesquelles l'air arrive, la combustion est incomplète, la flamme s'allonge et de la fumée se répand dans l'atmosphère. Cette fumée n'est autre chose que du charbon, qui, faute d'air, échappe à la combustion. Ce charbon est donc de la lumière perdue. Une bonne aération est indispensable si l'on veut utiliser tout ce qui peut servir à l'éclairage.

Mais ne croyez pas que, plus on donne d'air, plus la flamme sera éclairante. Une expérience vous prouvera le contraire. Ce bec de gaz produit, vous le voyez, une belle lumière : au moyen de cette vessie que je presse entre mes mains je puis envoyer dans sa flamme une grande quantité d'air. Au moment où je le fais, cette flamme se raccourcit et perd les propriétés éclairantes. Si je cesse, elle reprend sa beauté primitive. Expliquons-nous comment il se fait qu'un excès d'air éteigne une flamme.

Nous avons démontré que les propriétés éclairantes étaient dues aux particules de charbon incandescentes dans le gaz en combustion. Si le courant d'air devient trop actif, ces particules seront brûlées instantanément, et ne pourront, sans être consumées, traverser la flamme et lui communiquer leur éclat. Enfin si l'air arrive en grand excès, il pourra refroidir la flamme au point de l'éteindre, et cela d'autant plus aisément que l'air, comme vous l'avez appris, contient une matière inutile à la combustion, le gaz *azote*, qui emporte de la chaleur.

Vous comprendrez ainsi facilement que, si une lampe est bien ou mal construite, elle peut, en brûlant la même quantité d'huile, éclairer beaucoup ou très-peu ; et qu'on se soit posé le problème suivant : tirer d'un litre d'huile ou d'un litre de gaz le plus de lumière possible.

Pour le résoudre, il faut que le constructeur, après s'être mis dans des conditions en rapport avec les faits que je viens de vous énumérer, ait, en outre, un procédé qui lui permette de s'assurer s'il ne s'est pas trompé dans les tâtonnements qu'il est obligé de faire, pour conformer son appareil aux données de la science. Il faut qu'il puisse reconnaître si, en modifiant de telle manière la lampe à huile, par exemple, il a, en effet, obtenu telle amélioration dans la lumière qu'elle produit. Il est donc un art de comparer entre elles deux sources d'éclairage et je vais tâcher de vous en indiquer le principe.

Il est d'abord inutile de démontrer qu'il est impossible, même à l'œil le plus exercé, de décider, sans le secours d'aucun artifice, et en considérant simplement deux lampes, de combien l'une éclaire plus que l'autre.

Par un détour ingénieux, nous allons arriver à un résultat rigoureux.

Voici un appareil, composé de deux morceaux de papier juxtaposés, placés verticalement à l'extrémité d'une table, séparés l'un de l'autre par une cloison perpendiculaire qui se continue derrière eux et qui divise aussi la table en deux compartiments égaux. Plaçons une lampe dans chacun de ces compartiments et à égale distance de la double plaque de papier qui se présente en face des deux sources de lumière. Celles-ci sont isolées l'une de l'autre par la cloison, de façon que chaque moitié de la plaque soit éclairée par la lampe qui lui correspond, sans être influencée par la lampe voisine. Il est évident que la plaque la plus éclairée sera celle qui correspondra à la lumière la plus vive, et comme ces deux plaques sont à côté l'une de l'autre nous pourrons juger nettement laquelle est la plus éclairée. Si par exemple la plaque de droite est moins brillante, nous rapprocherons la lampe de droite, et nous finirons par produire l'égalité de lumière sur les deux écrans. La lampe qui aura dû s'approcher le plus pour produire la même lumière sera évidemment celle qui éclaire le moins. J'ajoute que la connaissance de la géométrie permet, par un calcul très-simple, de déterminer de combien la lampe de gauche surpasse la lampe de droite en pouvoir éclairant.

Notre comparaison pour être complète exige une autre donnée.

Supposons que l'expérience précédente nous ait démontré que les deux lampes éclairent également. Pour décider laquelle il faut préférer, nous devons comparer aussi leurs dépenses. Il est évident que celle qui, donnant la même lumière, brûlera la moindre quantité d'huile, sera la mieux construite. Vous jugez, en général, de la dépense d'une lampe par le volume d'huile que vous êtes obligés d'y verser pour l'entretenir pleine.

Ce procédé est très-imparfait. La science emploie le suivant : On place la lampe sur le plateau d'une balance, on fait l'équilibre avec des grains de plomb et l'on regarde sa montre. Une heure après, on ajoute des poids, dans le plateau où se trouve la lampe, pour faire l'équilibre de nouveau, et l'on pèse ainsi ce que la lampe a perdu par la combustion. On a démontré de la sorte que la lampe Carcel dépense 42 grammes d'huile par heure, soit 1 kilogramme en 24 heures : la chandelle dans le même temps brûle une demi-livre de suif.

Après vous avoir donné quelques notions générales qui me permettront de vous faire comprendre pourquoi tel système d'éclairage est vicieux et tel autre préférable, et au moyen de quels procédés la science a pu décider entre eux ; je me sens maintenant, Messieurs, en état de décrire devant vous les divers luminaires employés aujourd'hui, et de comparer leurs avantages.

II

Quand on étudie l'histoire des procédés que les hommes, depuis les temps les plus reculés, ont employés pour leur éclairage, un premier fait étonne l'observateur. Se donner de la lumière est un besoin indispensable de la vie, tout autant que se vêtir ou se chauffer. Et cependant, il y a cent ans à peine que l'on a commencé à perfectionner les moyens d'éclairage employés depuis quatre mille ans.

La lampe à huile des anciens était des plus simples ; dans un vase dont la forme variait peu et où l'on introduisait de l'huile trempait une mèche. Il est facile de vous faire voir combien cet appareil est imparfait : il suffit d'allumer une de ces lampes ; vous voyez qu'elle fume abondamment et, de plus, lorsque l'huile diminuera dans le réservoir, la lumière deviendra excessivement faible. Cet ustensile primitif fut adopté, presque sans modification, par tous les peuples. Vous pouvez, du reste, sans sortir de Paris, rendre, sur ce point, votre instruction bien plus complète que je ne pourrais le faire dans cette conférence. Allez au musée du Louvre, dans les salles destinées aux antiquités égyptiennes : vous y verrez des lampes qui datent de quarante siècles. Passez de là dans les galeries qui renferment l'admirable collection que l'on doit à la munificence de l'Empereur et où se trouvent les lampes dont se servaient les Romains avant Jésus-Christ. Enfin parcourez le musée de Cluny, examinez les lampes qui éclairaient nos pères au moyen âge, c'est-à-dire 500 ans avant nous. L'appareil est le même, et une longue expérience n'a apporté aucun changement, ni dans le mécanisme ni même dans la forme extérieure.

Chose curieuse ! ce système, malgré ses

imperfections, s'est conservé jusqu'à nos jours, grâce à la puissance de l'habitude. Vous pouvez vous en assurer par les divers échantillons que j'ai rassemblés ici. Voici la lampe dont se servent les mineurs de Saint-Etienne. Cette autre est employée dans certaines parties de la Bretagne et sa construction est plus vicieuse encore. Vous le voyez, l'huile est contenue dans une sorte d'écuelle ouverte, et l'on ne peut la transporter sans en renverser tout le contenu. Enfin je vous montre ici une lampe que j'ai achetée, il y a quelque temps, dans la capitale de l'Espagne et qui est encore très-usitée dans ce pays. Toutes ces lampes ont exactement la même forme que celles des anciens.

Ainsi, tandis que l'esprit humain s'exerçait, souvent avec succès, à l'amélioration de tous les autres arts utiles, il semblait avoir complétement abandonné à la routine celui qui fait le sujet de cet entretien.

Il faut arriver à l'année 1784 pour que,

tout d'un coup, un changement complet se fasse dans l'éclairage à l'huile.

Un médecin génevois, Ami Argand, inventa la lampe dont nous nous servons aujourd'hui et qui porte le nom de bec à double courant d'air. Au lieu d'une mèche ronde ou plate, il imagina de construire une mèche cylindrique comme celle que je vous présente et de la placer sur un bout de tuyau en fer-blanc, de telle sorte que l'air puisse arriver, non-seulement à l'extérieur de la flamme, comme dans la lampe des anciens, mais encore à l'intérieur du jet de gaz. Cette invention si simple était une véritable révolution dans l'art de l'éclairage. La flamme prendra une forme régulière, des contours arrêtés. Alimentée d'une quantité d'air suffisante, elle ne donnera plus de fumée. L'afflux de l'air est réglé, en outre, par une cheminée de verre, avec tant de précision, que l'opérateur peut, à son gré, laisser filer la lampe, faute d'air, ou raccourcir la flamme, par une combustion exagérée, suivant qu'il élève ou abaisse la partie rétrécie de ce tube de verre. Entre ces deux extrêmes, c'est-à-dire lorsque le coude du verre s'élève d'un centimètre et demi au-dessus du niveau de la mèche, se trouve la disposition qui fournit la plus belle lumière.

Avant d'aller plus loin je dois vous faire comprendre le jeu de l'appareil d'Argand. Voici une lampe construite d'après son système; je n'ai qu'à boucher l'orifice du tube de fer-blanc qui porte la mèche, et qui est destiné à conduire l'air au centre de la flamme, et vous voyez qu'elle devient fumeuse. Cet appareil, si simple qu'il semble inutile de le décrire longuement, a été le principe de tous les perfectionnements apportés depuis dans l'art de l'éclairage. C'est là, Messieurs, le caractère d'une grande découverte: un changement très-simple amenant une rénovation de l'art auquel il s'applique.

Ne vous étonnez donc pas de l'admiration

que la découverte d'Argand excita parmi les contemporains. Une fabrique s'établit rue du Petit-Pont, et fut dirigée par un artiste nommé Lang et un pharmacien nommé Quinquet qui, plus tard, s'appropria la découverte d'Argand et donna son nom à l'appareil. Le public parisien admira beaucoup, dans la salle du Théâtre-Français, un *superbe* lustre, sorti de cette usine et portant quarante des nouveaux becs. Depuis cette époque, ce même théâtre est bien mieux éclairé : mais, ne l'oublions pas, les nombreux becs de gaz qui s'y trouvent sont construits sur un modèle dont Argand nous a donné le principe.

Pour compléter cette belle découverte, il fallait encore trouver un mécanisme capable de fournir à la mèche un courant d'huile continu et régulier.

Les mèches ne peuvent aspirer l'huile du réservoir que jusqu'à une certaine hauteur. Il en résulte que, lorsque le niveau du li-

2

quide est trop bas, ce qui arrive quand la lampe a brûlé quelque temps, l'huile ne monte plus assez haut dans la mèche pour arriver au point où se produit la combustion, et la lampe s'éteint.

En 1800, un lampiste, nommé Carcel, imagina d'introduire, dans le corps de la lampe, une pompe, qui fit monter l'huile par un tuyau jusqu'à la mèche : cette pompe était animée par un mouvement d'horlogerie. La mèche est ainsi alimentée par un courant continu d'huile, dont l'excès s'écoule, en glissant sur le porte-mèche dans le réservoir. Ce mécanisme compliqué, et que je crois inutile de décrire, est le plus parfait que l'on connaisse : mais il a le défaut de coûter fort cher, de 70 à 80 francs environ.

Depuis cette époque, en 1836, M. Franchot inventa la lampe à modérateur, et cette belle découverte est de la plus haute importance, car elle a consommé la vulgarisation de l'éclairage à l'huile par des appareils perfectionnés.

La lampe à modérateur n'est autre qu'une lampe Carcel simplifiée. Celle que je vous présente, dont la boîte est en cristal, est destinée à vous faire comprendre d'un coup d'œil son mécanisme. Dans cette boîte cylindrique, se meut un disque de cuir que l'on nomme un piston : celui-ci est pressé par un ressort qui le force à descendre en chassant l'huile devant lui. Ce liquide n'a d'autre issue que le petit tuyau vertical que voici qui le conduit jusqu'au niveau de la mèche : on tend le ressort au moyen d'une crémaillère mise en jeu par une roue dentée.

Ce système est si simple qu'une lampe modérateur, donnant la même lumière qu'une lampe Carcel, coûte 10 francs au lieu de 80 ; et de plus on a pu, à cause de son bas prix, l'appliquer à de petits appareils qui servent aujourd'hui dans les ménages les plus modestes.

III

Nous voilà bien loin, Messieurs, des procédés anciens. La science, la mécanique ont transformé l'éclairage. Mais il y a plus : nos pères ne se servaient que de l'huile que l'on retire des olives ou de certaines graines oléagineuses, en les soumettant à l'action de la presse. De notre temps, un nouveau liquide, l'huile de pétrole, est devenu d'un usage si commun, pour l'éclairage, que je ne puis manquer de vous en entretenir.

Au nord de l'Amérique, dans une province conquise autrefois par les Français et qui est aujourd'hui une des colonies de l'Angleterre, le Canada, se trouvent, aux environs du lac Saint-Clair, de vastes forêts, où, il y a dix ans encore, les Européens n'avaient pas pénétré ; elles étaient restées le domaine des Indiens, qui s'y livraient à l'industrie de la chasse. Un citoyen anglais, John Rows, qui le premier alla fixer sa demeure au pied de ces chênes séculaires, fut frappé de l'odeur qu'exhalait la petite rivière de Bear-Creeck qui arrosait ses plantations. Un docteur indien, Wapoose, lui expliqua que cette odeur était due au pétrole, liqueur huileuse susceptible de brûler, qui existe toute formée dans le sein de la terre et qui s'échappe de certaines sources dans le nord de l'Amérique où elle est souvent employée, comme médicament, par les médecins du pays.

L'esprit de spéculation ne tarda pas à se porter vers ces contrées, et l'on reconnut qu'en creusant le sol à une certaine profondeur, on rencontrait une nappe d'huile de pétrole. Vers l'année 1860, il y avait déjà plus de cent puits de creusés. On commença d'abord par élever, jusqu'à la surface du sol, au moyen de pompes, le liquide qu'ils contenaient. Mais ce mode d'extraction était coûteux.

Un colon, nommé Shaw, saisi comme tant d'autres de l'ardeur spéculatrice que les Américains ont nommée la *fièvre d'huile*, eut l'idée de percer le terrain d'un trou cylindrique, analogue à celui qu'on a creusé pour les puits artésiens de Passy et de Grenelle, et pensa que lorsqu'il serait arrivé ainsi à la couche d'huile elle jaillirait spontanément par le tuyau qu'il aurait pratiqué. Shaw fit dans le sol un trou de deux à trois pouces de diamètre, et, pour éviter que la terre en tombant ne vînt combler son travail, il introduisit à mesure par l'ouverture des tubes de bois qui formaient ainsi une espèce de canal continu. Malheureusement, arrivé à soixante-six mètres de profondeur il avait déjà dépensé toute sa fortune. Les voisins, émus de pitié par son désespoir. et intéressés par la foi profonde qu'il avait dans son œuvre, lui prêtèrent quelque argent : on creuse un mètre de plus ; tout à coup un bouillonnement se fait entendre, un jet de gaz s'échappe de l'orifice ; les ouvriers s'éloignent précipitamment parce qu'ils savent que ce gaz a la singulière propriété d'enivrer ceux qui le respirent. Ce jet de jaz est suivi d'une colonne d'huile qui s'élance à vingt pieds de hauteur. Dans les premiers moments, faute de réservoirs suffisants, on fut obligé de laisser une grande partie de ces richesses se répandre dans la campagne. Mais on eut bientôt l'idée d'adapter à l'orifice un tube en col de cygne, muni d'un robinet qui permit de remplir directement les barils, et l'on recueillit ainsi, sans efforts, 4,500 hectolitres d'huile par jour. Depuis cet événement remarquable, on a creusé plusieurs de ces puits artésiens.

Le voyageur qui revient maintenant dans les environs du lac Saint-Clair trouve le pays complétement changé. Le sifflet de la locomotive trouble le silence de ces solitudes ; de nouvelles villes, qui s'élèvent comme par enchantement sur les troncs d'arbres fraîchement coupés, lui présentent l'intéressant spectacle d'une naissante industrie : il a, dans les premiers temps, quelque peine à se faire à l'odeur insupportable du pétrole dont le sol de la contrée est toujours imprégné et il se demande avec effroi quelles y seraient les conséquences d'un incendie. La ville d'Oilsprings a failli deux fois devenir la proie des flammes. La moindre imprudence peut embraser tout le district.

Liverpool, le grand port de l'Angleterre, reçoit la presque totalité de cette huile qui représente une valeur de 25 millions de francs. En Europe, on lui fait subir une distillation, dans le but de lui enlever certaines huiles plus légères qui lui donnent de l'odeur, et la rendent très-inflammable. Quand cette distillation a été consciencieusement faite, l'huile de pétrole ne peut prendre feu. En voici la preuve : dans cette soucoupe se trouve du pétrole mal épuré ; je n'ai qu'à approcher une allumette enflammée et il brûle immédiatement. Pour celui-ci, le résultat est bien différent. Tous mes efforts ne réussiront pas à y mettre le feu.

Ne contribuez donc pas à répandre sur l'inflammabilité de cette huile des exagérations qui seraient préjudiciables à une industrie récente appelée peut-être à un grand avenir. Je vous engagerai seulement à manier le pétrole avec précaution. Avant de vous en servir dans vos ménages, vous devrez répéter l'expérience que je viens d'exécuter devant vous sur l'échantillon que vous aurez acheté pour vous assurer qu'il ne s'enflamme pas. Dans tous les cas, vous éviterez d'approcher les lampes d'un fourneau de cuisine plein de feu ou de les remplir d'huile sans les avoir préalablement éteintes, pour que la mèche allumée ne mette pas le feu au liquide que vous versez.

Cette huile est si légère qu'elle monte facilement dans les mèches sans le secours d'aucun mécanisme ; il en résulte que les lampes à pétrole sont remarquables par leur simplicité et leur bas prix.

IV

Une lampe bien construite est toujours incommode à transporter : sa fragilité, la longueur des manipulations qu'exige son emploi, sont autant d'obstacles qui s'opposent à son usage pour éclairer certains travaux. Aussi est-on obligé de convenir que le procédé le plus expéditif pour se donner de la lumière consiste à allumer une chandelle.

Le suif est la matière première de ce luminaire : en sortant des abattoirs, ce suif, qui n'est autre chose que la graisse de mouton ou de bœuf, doit être épuré des débris de membranes et de chair qu'il renferme encore. Autrefois on se contentait de le fondre dans de grandes bassines : tous les débris de peaux et de matières étrangères se racornissaient par le feu et montaient à la surface. Un ouvrier les enlevait avec une écumoire.

Un savant illustre, Darcet, frappé des inconvénients de ce mode de purification qui répandait une odeur insupportable et nuisible à la santé des ouvriers, découvrit que l'huile de vitriol chaude a la propriété de détruire tous les débris qui se trouvent dans le suif et n'a aucune action sur la graisse elle-même. Si l'on chauffe le mélange de suif et d'huile de vitriol, celle-ci, entraînant toutes les impuretés, tombe au fond du vase, et le suif, fondu, blanc et épuré, vient nager à la surface.

Le procédé le plus simple pour faire une chandelle avec ce suif consiste à attacher quelques mèches de coton à une baguette et à plonger ces mèches dans la graisse fondue.

On les retire, on laisse refroidir et une couche de la matière se solidifie autour de la mèche. En répétant plusieurs fois cette opération on finit par épaissir la chandelle et l'on s'arrête lorsqu'elle a atteint la grosseur voulue.

Depuis quelques années on préfère couler le suif fondu dans des moules en métal, au centre desquels la mèche a été préalablement tendue. Ce procédé est plus rapide et permet de livrer la chandelle à plus bas prix.

Les inconvénients que présente la chandelle sont trop connus pour que je m'arrête à les décrire : je préfère vous entretenir de la merveilleuse transformation que ce luminaire imparfait a subie à la suite de nouvelles conquêtes de la science.

En 1823, M. Chevreul reconnut, dans le suif des animaux, l'existence de deux principes : l'un, nommé l'acide stéarique, matière blanche, solide et peu fusible, et l'autre, la glycérine, qui est une substance liquide, visqueuse comme du sirop et d'un goût sucré. L'illustre savant indiqua le moyen de séparer ces deux matières qui sont combinées ensemble pour former la graisse.

Si l'on fait bouillir du suif avec un alcali que vous connaissez de nom, la potasse, celle-ci se combine avec la stéarine pour former une matière solide, grasse et douce au toucher, qui tombe au fond du vase et qui est le savon. Au-dessus surnage cette huile sucrée que l'on appelle la glycérine et que plusieurs d'entre vous doivent connaître, car elle sert en chirurgie à panser certaines plaies.

Si l'on recueille alors ce savon qui est au fond du vase et qu'on le chauffe à son tour avec de l'huile de vitriol, on voit se séparer du mélange une huile limpide qui se concrète par le refroidissement en un pain blanc. C'est la stéarine que l'huile de vitriol a extraite du savon.

Vous le voyez, Messieurs, un savant, dans son laboratoire, trouve que la graisse est formée par la réunion de deux principes et il indique le moyen de les dissocier. Heureux d'avoir arraché à la nature un de ses secrets, il abandonne à l'industrie sa découverte et celle-ci, mise en possession d'une nouvelle matière, sait bientôt en tirer parti. Elle reconnaît que l'àcide stéarique, tout en étant une matière combustible comme le suif, fond plus difficilement que lui : c'est-à-dire que, tandis qu'il suffit de 60° degrés du thermomètre pour fondre la graisse, il en faut 70 pour faire couler l'acide stéarique.

Ce corps doit donc présenter de grands avantages sur le suif pour l'éclairage. Le liquide, fondu par la mèche enflammée, se répandra moins facilement autour du point où se fait la combustion. La mèche elle-même se trouvera imprégnée d'une moins grande quantité de matière combustible et par conséquent sa flamme ne sera pas fumeuse comme celle de la chandelle.

La matière première étant préparée, la bougie se fabrique par un procédé analogue à celui qui sert à faire la chandelle. Le temps me manque et je ne puis le décrire en détails. Mais je ne saurais passer sous silence une invention à laquelle l'industrie de la bougie doit une part de ses succès.

Un ingénieur, M. Cambacérès, à qui revient l'honneur d'avoir, le premier, essayé la fabrication des bougies stéariques, imagina d'employer pour leur combustion une mèche formée de trois fils de coton tressés, à la place de la mèche ordinaire des chandelles, qui est composée de fils simplement tordus et qui présente l'inconvénient de s'imbiber à l'excès.

Mais, en outre, elle a celui de laisser dans la flamme un résidu charbonneux, qui se maintient ainsi à l'abri de l'air et qu'on est obligé de couper à chaque instant. La mèche tressée présentant le même défaut, il aurait fallu *moucher* la bougie, sans une invention des plus ingénieuses de M. de Milly. Elle consiste à imprégner préalablement la mèche d'une matière analogue au verre, c'est-à-dire susceptible de fondre comme lui sous l'influence de la chaleur.

Ce verre fondu forme, à la pointe de la mèche, une perle, dont le poids force la tresse noircie par le feu à pencher sur le côté. Cette partie charbonneuse est donc mise en contact avec l'air qui la brûle complétement et la réduit en cendres.

V

Messieurs, nous voici arrivés à ce mode d'éclairage qui est comme le couronnement de tout ce qui a été tenté depuis un siècle, dans cette branche des arts utiles. Je veux parler de l'éclairage au gaz.

Je vous disais au commencement de cette séance que toute matière combustible, bois, huile, suif, charbon de terre, chauffée à l'abri de l'air, laissait échapper un gaz susceptible de brûler. Un ingénieur français, dont le nom sera immortel, Philippe Lebon, eut l'idée de préparer ce gaz dans une grande usine, de mettre les vases, dans lesquels il se produit, en communication avec des tuyaux, qui le distribuent dans les différents quartiers d'une ville, de telle sorte que les habitants puissent s'y approvisionner de lumière, de la même manière qu'ils se fournissent d'eau.

Le gaz de l'éclairage fut d'abord extrait du bois qu'on chauffait dans un vase en fer placé sur un fourneau : l'orifice de ce vase était muni d'un tuyau destiné à conduire le gaz dans un tonneau où se condensait le goudron qui se forme pendant cette distillation. De ce tonneau partaient les tubes qui dirigeaient le fluide combustible vers les différents points où il devait être brûlé.

Cet appareil, imaginé par Lebon, servit, malgré ses imperfections, à illuminer l'hôtel Seignelay, en 1801 ; mais il a été depuis si considérablement modifié dans sa forme, pour s'accommoder aux besoins d'une grande et puissante industrie, qu'il serait impossible de décrire ici avec détail les merveilleuses transformations qu'on lui a fait subir.

Nous prendrons le gaz, tel qu'il nous est donné par les compagnies, et nous chercherons à nous rendre compte de ses avantages.

Si une bonne construction est nécessaire à l'économie de toute espèce d'appareil d'éclairage, elle est encore plus indispensable quand il s'agit de s'éclairer au gaz, et l'on ne saurait apporter trop de soin dans le choix des becs dont on veut faire usage. Tel bec de gaz mal construit peut consommer deux fois plus qu'un autre sans donner plus de lumière.

Pour l'intérieur des maisons, les becs construits sur le principe d'Argand sont préférables. Dans celui-ci, par exemple, l'air arrive à la fois par l'intérieur et l'extérieur de la flamme qui est formée par un jet de gaz s'échappant d'une fente circulaire. Maïs ce n'est qu'avec beaucoup de soins, des tâtonnements nombreux contrôlés par des expériences rigoureuses que l'on peut arriver à construire un brûleur qui donne toute la lumière que le gaz peut fournir.

Je vous engagerai à vous méfier des économies qu'on pourra vous proposer de faire. D'abord, sachez-le bien, il n'est pas possible d'obtenir avec le gaz une lumière égale à celle d'une lampe Carcel, à moins d'en brûler cent litres par heure. Si une lumière moindre vous suffit, diminuez le jet de gaz : vous serez alors sûr, en vous éclairant moins, de dépenser aussi moins. Vous n'arriverez pas au même résultat si vous employez un bec de petite dimension : ces brûleurs sont en général mal construits et dépensent beaucoup. On est tenté en outre de les forcer un peu pour se mieux éclairer, et l'on finit par consommer le double de ce qu'exigerait un bec de grande dimension pour une combustion modérée. Évitez donc autant que possible ce que l'on appelait autrefois les demi-becs et les quarts de becs. Il arrive souvent qu'ils donnent le quart de la lumière d'un bec de grande dimension, mais avec une égale dépense, ce qui devient fort onéreux.

Les becs destinés à brûler à l'extérieur présentent une autre forme. D'une fente assez large, comme celle-ci, s'échappe un jet de gaz en forme d'éventail.

Ce genre de flamme présente plus de fixité contre l'action du vent, et exige moins d'entretien que les becs d'Argand [1].

1. Voir la conférence de M. Payen, membre de l'Institut, sur l'*Éclairage au gaz*.

VI

Le moment est venu de comparer entre eux les divers modes d'éclairage que nous venons de décrire.

Un bec de gaz bien construit brûle cent litres de gaz par heure, et, au prix de ce combustible à Paris, cela veut dire qu'en dix heures de temps il dépense 30 centimes. Il donne la même lumière que cette lampe Carcel ou ce modérateur qui, dans le même temps, dépensent pour 60 centimes d'huile, c'est-à-dire le double. Le même éclairage serait donné par huit chandelles coûtant 1 franc par heure, et par sept bougies dont la dépense serait cinq fois plus grande : soit 1 fr. 60 centimes.

La lumière du pétrole peut seule rivaliser avec le gaz ; elle coûterait dans le même temps 40 centimes.

Ces chiffres vous démontrent que l'éclairage à la chandelle est bien loin d'être le plus économique ; je ne saurais trop vous engager à lui préférer l'éclairage à l'huile. Voici un petit modérateur qui donne la même lumière que trois chandelles avec une dépense moitié moindre. — 25 ou 30 centimes en 10 heures de temps !

Ce merveilleux résultat des progrès de notre industrie nous surprendra bien plus encore si nous regardons seulement cinq cents ans en arrière. On peut dire sans exagération, qu'au moyen âge, s'éclairer était un luxe réservé aux riches seuls. Le peuple des campagnes ne connaissait alors d'autre lumière que celle qui brille dans le foyer. Aussi faisait-on les cheminées fort grandes pour que la famille pût se réunir autour d'elles et utiliser la lueur tremblante de la flamme pour quelque travail de veillée. Et comment le paysan aurait-il pu s'éclairer alors que le prix de la livre de chandelles était de 10 ou

15 sols environ, et que cette somme dépassait le salaire d'un ouvrier, pour une journée de travail des champs ? En outre, la fabrication des chandelles était entravée par toutes sortes de règlements. Il était défendu, par exemple, de mêler le suif de mouton avec le suif de bœuf. Un savant historien, qui nous fait pénétrer dans l'intérieur d'un riche bourgeois du xve siècle, nous le représente, le soir, entouré de sa famille, et commençant sa veillée à la lueur de son feu. Mais on lui annonce la visite d'un personnage d'importance, et il se décide à faire allumer quelques chandelles.

Le grand seigneur s'éclairait avec des bougies faites avec la cire des abeilles dont le prix était de 3 à 4 francs par livre. Le duc de Bourgogne, le plus riche des souverains féodaux, était bien mal éclairé : l'inventaire de ses richesses, qui nous est conservé, ne constate, dans son palais, que la présence de quelques paires de flambeaux.

Quant à l'éclairage des villes, il était encore inconnu il y a trois cents ans. Pour éviter les accidents qui résultaient, à Paris, de l'obscurité des rues, le parlement ordonna, par un arrêt, à certains habitants de mettre, la nuit, des lumières devant leurs fenêtres. Sous Louis XIV on cheminait dans les rues, le soir, avec une lanterne, et il se forma une compagnie dont les agents, pour une certaine somme, éclairaient les gens attardés. C'est vers cette époque qu'un lieutenant de police, Nicolas de la Reynie, fit installer le premier réverbère à l'huile.

Aujourd'hui la ville de Paris est éclairée par 21 mille becs de gaz. Cette quantité de lumières lui coûte 2 millions par an ; mais elle retrouve largement cette somme dans les droits d'octroi sur le gaz et la location du sous-sol des rues pour la pose des tuyaux. Ces tubes de fer qui circulent dans notre cité ont une longueur totale de 287 lieues, et ils fournissent la lumière à 67,000 abonnés particuliers. 10 usines, situées autour de la capitale, produisent le gaz nécessaire à cette immense consommation. On fabrique annuellement à Paris 116 millions de mètres cubes de gaz; cela revient à dire qu'il faut, chaque jour, en produire un volume assez grand pour gonfler un ballon sphérique, semblable à ceux dont se servent les aéronautes, et qui aurait la hauteur du dôme du Panthéon. Enfin la compagnie du gaz fournit de l'ouvrage à 4,000 personnes, et c'est encore là un des bienfaits de la science : en éclairant le pauvre elle a créé des industries qui le font vivre.

Mais je m'arrête, Messieurs, car j'espère vous avoir convaincus de ces bienfaits. Nous avons entrepris, dans cette conférence, l'étude des principales découvertes qui ont permis de perfectionner les procédés d'éclairage employés autrefois ; nous avons décrit successivement ces divers procédés, ainsi que les transformations qu'ils ont subies ; nous les avons enfin comparés entre eux. Vous avez pu juger de tout ce que les savants et les industriels ont fait, en un siècle, pour cette branche des arts utiles. Quel avenir de semblables succès nous présagent!

Si j'ai pu vous intéresser par le spectacle de tant de merveilles et vous instruire par les explications scientifiques dans lesquelles je suis entré, mon but serait atteint : mais si cette tâche a été au-dessus de mes forces, une pensée me consolerait encore : je sais, par une épreuve toute récente, que le convalescent a des moments de souffrance et de découragement, et je m'estimerais heureux, si les quelques expériences que j'ai pu faire et le tableau historique que j'ai esquissé devant vous, vous avaient valu l'oubli momentané de vos maux.

FIN

Imprimerie L. TOINON et Cie, à Saint-Germain.

ÉDITIONS A 1 FR. LE VOLUME

FORMAT IN-18 JÉSUS

Le cartonnage en percaline gaufrée se paie en sus 40 centimes par volume.

OUVRAGES EN VENTE

Badin (Ad.) : *Duguay-Trouin.* 1 vol.
— *Jean Bart.* 1 vol.

Barrau (Th. H.) : *Conseils aux ouvriers* sur les moyens d'améliorer leur condition. 1 vol.

Bernard (Frédéric) : *Vie d'Oberlin.* 1 vol.

Bonnechose (Emile de) : *Bertrand du Guesclin,* connétable de France et de Castille. 1 vol.

Calemard de la Fayette : *La Prime d'honneur.* 1 vol.
— *L'Agriculture progressive.* 1 v.

Carraud (Madame Z.) : *Une Servante d'autrefois.* 1 vol.

Charton (Ed.) : *Histoires de trois enfants pauvres* (un Français, un Anglais, un Allemand), racontées par eux-mêmes et abrégées par Ed. Charton. 3e édit. 1 vol.

Corne (H.) : *Le cardinal Mazarin.* 2e édit. 1 vol.
— *Le cardinal de Richelieu.* 1 vol.

Corneille (Pierre) : *Chefs-d'œuvre.* 1 vol.

De la Palme : *Le Premier Livre du citoyen.* 2e édit. 1 vol.

Duval (Jules) : *Notre Pays.* 1 vol.

Ernouf (baron) : *Histoire de trois ouvriers français.* 1 vol.

Guillemin (Amédée) : *La Lune.* 1 volume illustré de 2 grandes planches tirées hors du texte et de 46 vign.

Hauréau. *Charlemagne et sa Cour.* 2e édit. 1 vol.

Homère : *Les Beautés de l'Iliade et de l'Odyssée,* traduites par M. Giguet. 1 vol.

Joinville (sire de) : *Histoire de saint Louis,* texte rapproché du français moderne par Natalis de Wailly, de l'Institut. 2e édit. 1 vol.

Labouchère (Alfred) : *Oberkampf* (1738-1815). 1 vol.

La Fontaine : *Choix de fables.* 1 vol.

Molière : *Chefs-d'œuvre.* 2 vol.

Passy (Frédéric) : *Les Machines et leur influence sur le développement de l'humanité.* 1 vol.

Racine (Jean) : *Chefs-d'œuvre.* 2 vol.

Rendu (Victor) : *Principes d'agriculture.* 2e édit. 2 vol.

Culture du sol, avec des vignettes dans le texte. 1 vol.
Culture des plantes. 1 vol.

Chaque volume se vend séparément.

Shakespeare : *Chefs-d'œuvre*. 3 vol.

Thévenin (Év.) : *Cours d'économie industrielle* : 1re série : *Qu'est-ce que l'économie industrielle*, par M. J. Garnier ; — *Du Capital*, par M. Baudrillart ; — *Des Machines*, par M. Horn. 1 vol.

—— 2e série. *Du Travail et du Salaire*, par M. Batbie ; — *Les Corporations et la Liberté du travail*, par M. Levasseur. 1 vol.

—— 3e série. *De la Société coopérative*, par M. J. Duval ; — *De l'Échange et de la Monnaie*, par M. Wolowski. 1 vol.

—— 4e série. *De l'Intérêt et de l'Usure*, par M. Courcelle-Seneuil ; — *Du Crédit*, par M. Coq ; — *De la Liberté commerciale*, par M. F. Passy. 1 vol.

Chaque série se vend séparément.

—— *Entretiens populaires* : 6e série, 1re partie : *De la Houille et du Fer en France*, par M. Burat ; — *De l'Impôt*, par M. Batbie ; — *De la Civilisation*, par M. Charles Duveyrier. 1 vol.

—— 6e série, 2e partie : *De la Monnaie et de son rôle dans le développement économique des sociétés*, pa[r] M. Fr. Passy ; — *Des Principes du droit naturel et [de] ses rapports avec la famille*, par M. Franck ; — *De l'U[ti]lité des études scientifiques pour les ouvriers*, p[ar] M. Martelet. 1 vol.

Chaque volume se vend séparément.

Véron (Eugène) : *les Associations ouvrières* en Allem[a]gne, en Angleterre et en France. 1 vol.

Wallon, de l'Institut. *Jeanne d'Arc*. 1 volume.

Édition abrégée de l'ouvrage couronné par l'Académie.

OUVRAGES EN PRÉPARATION

Ernouf (baron) : *Jacquard* ; — *Philippe de Girard*. 1 vol.

Gœthe : *Chefs-d'œuvre*.

Guillemin (Am.) *Le Soleil*. 1 vol.

Schiller : *Chefs-d'œuvre*.

Virgile : *Les Beautés de l'Enéide*. 1 vol.

Imprimerie L. TOINON et Ce, à Saint-Germain.

LIBRAIRIE DE L. HACHETTE ET C^o

BOULEVARD SAINT-GERMAIN, N° 77, A PARIS

BIBLIOTHÈQUE A 25 CENTIMES LE VOLUME

ET A 35 CENT. POUR LES OUVRAGES SOUMIS AU TIMBRE

Format petit in-18

AUCOC : *Notions sur l'histoire des voies de communication.* 1 volume.. » 25
BAUDRILLART (de l'Institut) : *Vie de Jacquart.* 1 volume.... » 25
— *Luxe et travail.* 1 volume.. » 35
— *L'Argent et ses critiques.* 1 volume............................ » 35
— *La Propriété.* 1 volume.. » 35
BÉRARD (Paul) : *Economie domestique de l'Éclairage.* 1 vol. » 25
COMBEROUSSE (Ch. de) : *Les Grands ingénieurs.* 1 volume.. » 25
DAUBRÉE (de l'Institut) : *La Chaleur intérieure du globe.* 1 vol. » 25
— *La Mer et les Continents.* 1 vol.................................. » 25
DUVAL (Jules) : *Des Sociétés coopératives.* 1 volume........... » 35
EGGER (E.), de l'Institut : *Le Papier dans l'antiquité et dans les temps modernes.* 1 volume.. » 25
— *Un Ménage d'autrefois.* 1 volume................................ » 25
LAPOMMERAYE (de) : *Les Sociétés de secours mutuels.* 1 vol.... » 35
LAVOLLÉE : *L'Exposition universelle de 1867.* 1 vol........... » 25
LECLERT (Émile) : *La Voile, la Vapeur, et l'Hélice.* 1 volume. » 25
LEVASSEUR : *La Prévoyance et l'Épargne.* 1 vol.................. » 35
MENU DE SAINT-MESMIN : *L'Ouvrier autrefois et aujourd'hui.* 1 volume.. » 25
PAYEN (de l'Institut) : *L'Éclairage au gaz.* 1 volume........... » 25
PERDONNET : *Les Chemins de fer.* 1 volume. .... » 25
— *Utilité de l'instruction pour le peuple.* 1 vol............ » 25
QUATREFAGES (de), membre de l'Institut : *Le Ver à soie.* 1 vol. » 25
— *Histoire de l'Homme.* I. Unité de l'espèce. 1 vol.............. » 25
REBOUL DENEYROL : *Aperçu historique sur l'Asile et les Conférences.* 1 volume.. » 25
SIMONIN : *Le Mineur de Californie.* 1 volume..................... » 25
— *Les Cités ouvrières de Mineurs.* 1 vol............................ » 25
WADDINGTON (Ch.) : *Des Erreurs et des Préjugés populaires.* 1 volume.. » 25
WOLOWSKI (de l'Institut) : *Notions générales d'Economie politique.* 1 volume.. » 35
— *De la Monnaie.* 1 volume.. » 35
WORMS : *Quelques considérations sur le Mariage.* 1 vol.... » 25

* Ces volumes sont la reproduction de conférences faites à l'asile impérial de Vincennes, sous le patronage de S. M. l'Impératrice.

Imprimerie L. Toinon et Cie, à Saint-Germain.

www.ingramcontent.com/pod-product-compliance
Ingram Content Group UK Ltd.
Pitfield, Milton Keynes, MK11 3LW, UK
UKHW020216200726
13856UKWH00004B/1418

9 782013 436618